你一定想不到

趣解生命密码系列
生命演化的秘密

尹 烨 著　杨子艺 绘

中信出版集团 | 北京

图书在版编目（CIP）数据

趣解生命密码系列.生命演化的秘密 / 尹烨著；杨
子艺绘 . -- 北京：中信出版社，2021.1
　ISBN 978-7-5217-2605-3

　Ⅰ.①趣… Ⅱ.①尹…②杨… Ⅲ.①生物学—少儿
读物Ⅳ.①Q-49

　中国版本图书馆 CIP 数据核字 (2020) 第 255417 号

趣解生命密码系列·生命演化的秘密

著　　者：尹烨
绘　　者：杨子艺
出版发行：中信出版集团股份有限公司
　　　　　（北京市朝阳区惠新东街甲4号富盛大厦2座　邮编100029）
承 印 者：三河市中晟雅豪印务有限公司

开　　本：787mm×1092mm　1/16　　印　　张：9.5　　字　　数：61千字
版　　次：2021年1月第1版　　　　　印　　次：2021年1月第1次印刷
书　　号：ISBN 978-7-5217-2605-3
定　　价：48.00元

如果说生命是一套复杂的代码，那么我相信人类的代码中有爱。

愿每一个孩子在生命科学的世界里，发现新的乐趣和方向。

——尹烨

序言一

解读生命密码，
发现更美好的未来！

尹传红

中国科普作家协会副秘书长
《科普时报》原总编辑

　　科幻小说中描绘的未来，正在以各种方式和惊人的速度，"浸入"到我们的现实生活里。而日新月异、时刻迭代的生命基因科学技术作为一支不容忽视的强大力量，已然开拓出种种新的可能，极大地扩充了我们对世界的认知，也必将对人类社会的未来产生深远的影响。

　　比如，成功的基因疗法让那些长期困扰人类的健康问题，从"根"上就能得到解决！我们已经狄取了许多有关健康问题的基因规律。相应地，就可以有针对性地制造新药或进行治疗。这一切，都是拜生命基因科学技术发展之所赐。

然而，对于被称为"生命的密码"的生命基因科学，我们又了解多少呢；你是否知道，为什么有的男孩子喜欢打篮球却不喜欢吹笛子；国宝大熊猫为什么喜欢吃竹子；憨憨的大象为什么几乎不患癌症；威猛的恐龙和猛犸象到底能不能复活……

翻开这套书吧，你定能惊喜地找到答案，并且延伸更多的思考。

在这套图文并茂、饶有趣味的书里，尹烨博士还从多个角度立体地阐释了生命基因科学的一系列基础问题：我们为什么不一样？地球上什么时候出现了生命？生命如何步步演化以适应严酷的生存环境？智慧是怎样诞生的？书中还以十分通俗的语言，揭示了地球上万千物种里的基因奥秘，描述了基因中的缺陷导致的疾病，并探讨了未来对这些疾病的治疗，展望了生命基因科学技术在治疗疾病、改善人类生活质量等方面的应用。

全套书在内容的选取上，也非常贴近日常生活。餐桌网红小龙虾、奇异的传粉昆虫、长寿的银杏、会摆头的向日葵、争奇斗艳的花儿，还有让一些人着迷的灵芝……几乎每个部分都由一个鲜活、常见的生活话题，引出要探讨的有意思的生命科学话题。

为了让孩子们阅读时能更加投入，全书精心打造了故事人物形象。我们的作者化身博学多才、幽默风趣的"尹哥"，在书中耐心地为孩子们答疑解惑、指点迷津，将生命科学知识点故事化、场景化，让大家进入角色，沉浸其中，在体验中学习，在探索中思考。全套书中还配有将近500幅"自带生命"的手绘图片，它们生动、形象、谐趣，为每个知识点铺垫添彩，尽展科学魅力。

尹烨博士的这一新作堪称一部精彩的"生命之书"。相信孩子们读过后，对生命、生灵、自然、万物以及人与自然的关系等，会有一番新的认识和省思。

我为孩子们能读到这套书而高兴，也非常乐于向大家推荐这套优秀的生命基因科学探秘书。真诚希望这套书伴随着你们的阅读和思考，能够带给你们心智的启迪和精神的享受，并且增益你们的智慧，助力你们的进步，见证你们的成长！

解读生命密码，发现更美好的未来！

祝大家阅读快乐！

序言二

基因密码，
打开绚丽多彩的世界

邢立达

古生物学者、知名科普作家
中国地质大学（北京）副教授

　　基因作为生命的密码，它所包含的指令与我们的生活
息息相关。放眼望去，我们身边无论猫狗鱼虫，还是花草
树木，这些动植物身上都携带着基因，各式各样，纷繁复杂。
想不到吧，尽管表面看起来差异巨大，它们竟有不少与我
们人类有着同样的基因！当然，基因的奇妙之处远不止于
此。所以从这个角度来说，给小朋友普及一些与日常生活
息息相关的基因知识，是启迪心智、开阔视野，带他们进

一步认识这个绚丽多彩的世界的良方。

我所熟知的尹烨博士写的这套"你一定想不到：趣解生命密码系列"，就是专门为小朋友讲解生命基因科学知识的书。

在这套生命基因科普书中，尹烨博士化身为青年科学家"尹哥"一角，和两个儿童角色小华、小宁，以及智能机器人小 D，一起代入故事之中，由科学家与孩子们的互动问答，串联起生动有趣的科普知识。书中从多角度立体揭示了基因的奥秘，不仅特别讲到了长时间困扰大家的热点话题，如地球何时出现的生命、生命是如何步步演化的、为何会有疾病、生命将走向何方等，也穿插了诸多个人见解和反思，是一套专门写给孩子的生命科学启蒙书。

完全可以这么说，尹烨博士用有料、有趣、有用的内容，科学严谨的态度，以及孩子看得懂的语言，轻松解答那些古怪又让人忧心的问题。他不仅对复活猛犸象等问题进

行了讲解和答疑，还用浅显的笔触，贴近日常生活的文字，诠释了生命之谜、之趣，毫无疑问，这是适合全家人一起阅读的生命科普佳作。

科普图书千千万，这套书可谓别开生面。它从基因着眼，从小朋友身边常见的鸟、兽、虫、鱼、花、草、树、木入手，更能让孩子近距离感受到基因的神奇之处。它通过讲述我们身边的生命科学知识，将喜闻乐见的话题融进生动活泼的故事，再辅以简洁易懂的文字和精美有趣的插图，如春雨般润物细无声，悄然呈现了遗传学、分子生物

学、基因组学、合成生物学等多个生命科学领域的知识，展现了生命之美。

想必这就是这套图书创作的初衷。

愿小朋友们多多学习生命科学知识，更好地了解我们人类自身，以及这个绚丽多彩的世界。

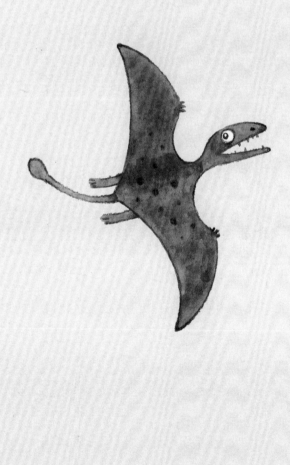

写给小朋友的一封信

尹 烨

亲爱的小朋友们：

你们好！

我是尹哥，一名科技工作者，也是一名科普传播者。我特别喜欢生命科学，脑袋里有一堆和生物有关的故事，如果有小朋友问起，我的话匣子就关不上了，自己还常乐在其中。这不，我准备了一套书给你，里面是我给两个小朋友讲过的故事，还要向你们介绍一下我的小助手——智能机器人小D，它也不时出镜，带给我们惊喜呢。

当你翻开这套书时，请想象自己的身体无限缩小，但记得把自己的思维无限展开，因为我们就要开始一段奇妙的旅行，前面等着我们的，是一次次时空变幻，一个个奇妙物种，一片片新的领域，你会看到一些你原本熟悉却并不了解的事。

也许你会不理解，有什么事情是你熟悉却不了解的呢？举个例子吧，你肯定知道青蛙，也知道它对人类有益，但你知道青蛙为什么曾被人强制洗牛奶浴吗？你常看见蚂蚁，也知道蚂蚁是大力士，可你知道蚂蚁当农夫的历史比人类还要久远吗？你知道每个人都是独特的，也知道每个人都面临生老病死，可你知道为什么有的人生下来就有缺陷，而有的人老了会忘记一切吗？还有还有，你知道科技为我们的生活带来了便利，知道现代医学能拯救许多生命，可你知道如何能让瘫痪的人站起来吗？如何才能使已经在地球上消失的动物复活？

我们生活的世界实在是太神奇了，人只是世间万物中的一员，而且在地球历史上出现的时间并不算长。假如地球只有一岁，人在最后一天的午夜才站上食物链顶端。我们真的没有那么厉害，自然界中许多动植物、微生物都有自己的过人之处，相对而言，在演化的长河中，人才是生存能力最弱的生物，而且，我们亏欠自然的也很多。要想继续待在食物链顶端，我们需要好好地向自然学习，与自然和谐相处。

我告诉你个小秘密，尹哥很可能是你的远远远房亲戚。别看我现在的个头比你们的大很多，但是，我们基因的相似度却很高。这就提示我们大概在几万年前，我们有着共同的祖先。还有啊，你也许没有想过，你和身边的万物都有联系。基因是我们的遗传物质，正是因为有了父母提供的基因，世界上才有了你。当你外出踏青的时候，你脚下的小草其实是你的远亲；当你在动物园里看动物的时候，笼子里看着你的猴子、猩猩、狮子、大象……都与你拥有着共同的生命基础——细胞和基因；当你吃下每一口食物的时候，你肠道里的微生物同样因为获得食物而活跃不已，从年龄来算，它们都算是你的先祖，如今寄居在你的身体里，帮助你消化食物，也控制着你的情绪和行为。

生命实在是太奇妙了，我已经迫不及待地要和你分享

你和它们的故事。世界实在是太广阔了，远到 40 亿年前，近到一秒钟之前，每一个时间刻度上都有说不完的故事，每一个地方都有神奇的事情发生。

你准备好了吗？这就和尹哥、小华、小宁、小 D 一起出发，开始这段有趣的旅程吧！

人物介绍

尹哥

作者尹烨的科普形象，睿智幽默的青年生命科学科普达人。

小宁

爱好生物的女生，细心认真，爱追根问底，有时候会有些害羞。

小华

对一切新事物好奇的男生，勇敢好学，爱动手帮忙，有时候会有些粗心。

小 D

生命科学智能机器人，能瞬间读懂每个生物基因组成，存储了现有生命的全部科学知识，有构建虚拟场景的超能力。

我们为什么不一样？

我们不一样！

我们一起讨论下
我们为什么不一样吧！

我们生而不同，无论是外貌、性格，还是习惯、喜好都不一样。正如"世界上没有两片相同的叶子"，世界上也没有绝对相同的两个人，即使是双胞胎也并非完全一样。

为什么我们会如此不同？答案便在基因里，甚至可以说，是它塑造了一切细胞生物，塑造了我们。每一个生命都对应着一本神奇的书，与生、老、病、死有关的所有信息，都被记录在内，我们不妨称它为生命之书。这本生命之书可不是用中文写的，它的语言体系叫碱基，碱基有 A（腺嘌呤）、T（胸腺嘧啶）、C（胞嘧啶）、G（鸟嘌呤）、U（尿嘧啶）五种，其中，A、T、C、G 组成 DNA（脱氧核糖核酸），A、C、G、U 组成 RAN（核糖核酸）。

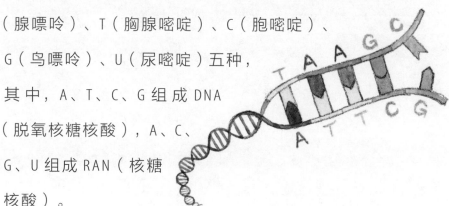

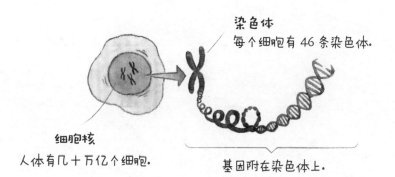

染色体
每个细胞有 46 条染色体。

细胞核
人体有几十万亿个细胞。

基因附在染色体上。

如果把生命比喻成乐曲，那么 A、T、C、G 就是乐谱，细胞则是演奏不同声部的乐手，生命体就是乐团。每时每刻，地球上都有新的生命乐曲奏响，也有乐团谢幕。

每支乐曲的风格不尽相同，比如苹果的听起来像摇滚风，香蕉的或许像古典乐，拟南芥和线虫的类似于童谣，而代表我们人类的，则是交响乐。

A、C、G、U 这四种碱基，可以构成 64 个遗传密码子，共合成 20 种氨基酸。这 20 种氨基酸帮助人类合成所需的蛋白质，维持生命的正常运转。

差点忘了介绍，我们人类的近亲有黑猩猩，远亲那可就多了：公园里的某棵树，树下晒太阳打盹的猫咪，树干上一步一步努力往上爬的蜗牛……如果我们能穿越到远古，甚至穿越到地球生命诞生之初，就会发现，孕育了世界多样性的，是在酸性海洋里悄然生长的有机物，它们正努力适应环境，孕育生命。

漫长的数十亿年过去，
在这颗蓝色星球上，生命来来往往。

有时上一刻还繁盛着，下一刻便离开了，
再也没有回来。

或许，
在不远的未来，它们有可能回来。

目录

想要在"眨眼之间"
　看遍这颗蓝色星球上的岁月变迁吗？

来，一起掀开这份"地球年历"吧！

迄今为止，地球已经度过 46 亿个春秋。斗转星移，沧海桑田，这颗星球经历了翻天覆地的变化。想要记住地球长长的演化历程可不容易。我们可以试着把它的所有经历浓缩成 365 天，那么一天就代表约 1260 万年，这样，在"眨眼之间"，就能看遍这颗蓝色星球上的岁月变迁了。

来，一起掀开这份地球"年历"吧。

1月1日，零时零分零秒，地球诞生。

8天后，地球进入冥古宙时期，由炽热的岩浆包裹着，仍然热乎、躁动。过热的地表使水汽蒸腾，水汽升入空中遇到冷空气后，降雨出现了。

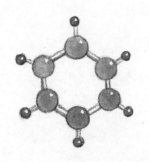

2月末，也许是原始大气中的水汽凝结，也许是岩石中的结晶水分离凝聚，地球上出现了巨型水体，流入板块运动形成的大洋地壳。这就是早期的海洋。

在宇宙射线、太阳紫外线、闪电和高温的轮番轰炸、"牵

在头三个月，地球和宇宙中无数星体一样，都没有生命存在的迹象。不过，有机化合物的出现为日后多姿多彩的生命世界奠定了基础。

线搭桥"之下，海洋中的氨基酸、核苷酸、单糖、脂肪酸等有机化合物出现了。

4月12日，得益于海洋提供的生化反应条件，原始生命诞生，地球终于结束了孤寂的独居生活。不过，这时的生命还只有最基本的新陈代谢和繁衍功能。

一年快过去了一半，有细胞核的真核生物才开始在地球现身。

在整个上半年，能在地球舞台上唱主角的，始终是大气和大地。它们不断掀起天翻地覆的莫测巨变。相比之下，生命非常渺小。

生命的繁华

生命开始演化，但起步阶段极其漫长。直到 8 月 2 日，才逐渐开始演化出四大界——原生生物界、真菌界、植物界和动物界。多细胞生命有了雏形，原始藻类也出现在海洋中。

11 月 19 日是值得铭记的一天。这一天大约是 5.42 亿年前，地球发生了史上一桩重要悬案——寒武纪大爆发。不知是什么原因，仿佛一夜之间，各种生物你方唱罢我登场，非常热闹。

这一天，海洋生物蓬勃发展。物种演化出了更强大的视觉系统，节肢动物、海绵动物、脊索动物等集体登场，古生代就此拉开了序幕。两天后，寒武纪最具代表性的远古生物——三叶虫出现了。

一切都似乎发展得不错，不过，好日子总是不会持续多久……

　　11月23日，一个悲剧向地球袭来。受到伽马射线的冲击，地球突然迅速变冷，海平面也随之下降，第一次物种大灭绝开始了。

　　灭顶之灾突如其来，原本潇洒自在的海中生物被冰封在冰川之下，80% 以上物种和这个世界说了再见。

11 月 27 日，庞大的史前巨蝎现身了。它们样貌上虽然跟今天的蝎子相差不远，但这些巨蝎身长 2 米、体重 200 千克，足以在当时的海洋中称霸一方。

生命的演化也开辟了新的舞台。一部分生命开始从海洋向陆地进发。在陆地上，以裸蕨为代表的一批古老植物开始蔓延，扩充着自己的势力地盘。

11 月最后一天，以腔棘鱼为代表的总鳍鱼类开始演化。从骨骼排列上看，这些鱼鳍能支撑起鱼类的身体，并使之在海底匍匐爬行，跟今天脊椎动物的四肢相比差别很大。

刚过午时，总鳍鱼类已脱胎换骨，胸鳍和腹鳍分别演化成前肢和后肢，还拥有功能跟鳃类似的肺脏，它们被称作提塔利克鱼。这是最早登陆的海洋生物物种之一。历经几千万年的无数次尝试，有些生物终于成功来到陆地上安营扎寨。水陆生活无缝切换实现了，两栖动物也就应运而生。

12 月 3 日，第二次物种大灭绝开始，大型物种遭了殃。

12 月 12 日，第三次物种大灭绝降临了，这是号称最为惨烈的一次大灭绝：弹指间，90% 以上的物种告别了历史舞台。据说是西伯利亚暗色岩的大喷发引发了这场浩劫。

灭绝与新生

第三次物种大灭绝结束后，中生代继之而来。

作为地球历史上的关键角色之一，小朋友们喜闻乐见的恐龙登场亮相了。首先登场的是槽齿龙和板龙。不过，要想称霸地球，恐龙还得等待时机，静候又一场大灭绝的"洗礼"。

12月15日，地球迎来了第四次物种大灭绝。这一回，气候成了致命因素：曾经干热的环境逐步变得温湿，适应不了新时代的物种只能被淘汰出局。特别是那些大型裸子植物，几乎无一幸免。

令人欣慰的是，接下来的两天，我们熟悉的现代蛙类、海龟和湾鳄登场了。直到今天，这些动物依然活灵活现，真无愧其"活化石"的光荣称号。

原来，你们都是老寿星啦！

呱

恐龙注定是这个时代的天之骄子。它们非但没有灭绝，反而变得更加昌盛兴旺。在称霸地球的版图中，腕龙、剑龙和雷龙，割据三地。

不过，尽管爬行动物统治了这个时代，但内部却已经出现了分化。

有一部分爬行动物悄然变身，成了早期的哺乳动物。它们只有老鼠般大小，此时并无太大的发展空间，唯有在狭缝中求生和挣扎。不过，它们在暗暗积蓄力量，为日后的霸权易主埋下了伏笔。

还有一部分爬行动物向往天空。于是，始祖鸟诞生了，这是最早的鸟类祖先。随之而来的则是有羽毛的恒温鸟类。

12月26日，即迄今7500万年左右，恐龙家族的巨无霸霸王龙登场了，它们横行于大地，行事残暴。

12月26日，地球遭遇了第五次物种大灭绝。距今6500万年前，恐龙全军覆没。灭绝原因众说纷纭，其中一个主流说法是：小行星撞击地球，导致了一系列灾难性的连锁反应。

爬行动物"逊位"，鸟类和哺乳动物"登基"，新生代来临了。12月28日，由原始鲸类进化而成的齿鲸和须鲸

诞生，它们属于现代鲸类，是目前已知的最大的哺乳动物。
12月29日，古乳齿象开始演化，后来变成了一万年前新近
灭绝掉的乳齿象。这个星球成为大型哺乳动物的乐园。

在最后的两个月，地球上为什么会
频繁出现物种大灭绝呢？

首先，物种要够丰富，灭绝才能谈得上"大"。其实，
地球早期也有过极端环境，但那时物种数量有限，被灭
绝的物种也就寥寥无几。

另外，灭绝也不全是坏事。每一次的物种大灭绝之后，
不适应新环境的生物被淘汰出局，躲过一劫的物种就争
取到了更好的生存空间和演化机会。

如果恐龙不灭绝，生存资源就会被它们牢牢把持着，
或许就不存在人类兴起的机会了，你们说对吧。

智慧的诞生

相比之下，人类的历史就非常短暂了。到了最后一天，万物之灵才披挂上阵。

人类起源于大约 300 万~700 万年前。如果按照人类文明史计算，更是只有短短的几万年时间。

12 月 31 日 10 时，人猿相揖别。人类离开了赖以生存的森林，开始探索其他更适合生存的空间。

12 月 31 日 13 时，地猿出现，获得了直立行走的技能，正式解放了双手。接下来，就进入了人类发展的快车道。

21 时 8 分，人类第一次使用火，发现了火的照明、取暖、熟食、驱敌等种种妙处。要成为更高级别的生命，掌握火的使用方法无疑是既酷炫又实用的技能。

22时30分，海德堡人在德国出现，同一时期，北京人在中国出现。颧骨高突的北京人，拥有取用天然火和保存火种的能力，被视为"人类的先驱"。

23时37分，尼安德特人登场。就脑容量而言，他们更胜智人一筹。但后来仍然不幸灭绝。然而，尼安德特人的一部分基因存留了下来，延续至今。

23时58分03秒，即1.7万年前，山顶洞人在中国亮相。人类有了原始宗教，并进入了母系氏族社会。

23时58分51秒，人类学会了耕种，有了原始农业。

23时59分08秒，人类进入了陶器时代，学会了储藏食物。

23时59分15秒，人类工具中出现了青铜器。在古埃及，一座座金字塔拔地而起。文明时期开始，亚里士多德、孔子等先贤登坛授课，为后人留下了无尽的精神宝藏。

23时59分36秒，人类普遍开始使用铁器。

23时59分57秒，工业革命，蒸汽机车上路。

23时59分59秒，计算机问世，人造卫星上天，人类登上月球。

严格意义上说，从完成人类基因组计划到智能手机的

普及，再到小朋友们阅读这本书的时刻，都只能算是这一年中最后几十毫秒的事情。

天地者，万物之逆旅也；光阴者，百代之过客也。人类灿烂辉煌的文明，都不过是地球"一年"最后一分钟的一支短小插曲。

地球一岁之后

人类和约 870 万种地球生命，在这浩渺宇宙中，在这有限认知内，是绝无仅有的"独苗"。然而，这棵独苗是否能继续存在，前景尚不明朗。

过去的物种大灭绝，原因不外乎气候变迁、天灾突降。人类不曾经历前五次物种大灭绝，却有着造成大灭绝的能力。

要知道，近期大量物种的灭绝主因都是人类活动。也许，在不远的将来，地球会毁于能源耗尽、环境破坏、核战爆发、生化浩劫等人为灾难。

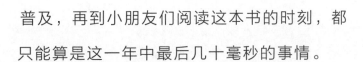

在很多方面，人类真的比不上动物啊!

如果单从某一个方面看，人类真的都不如动物：

论速度，哪怕百米飞人博尔特都根本不是猎豹的对手。

论力量，一只黑猩猩能把一个成年男子打得满地找牙，一只银背大猩猩估计能打倒一个排赤手空拳的兵力。

论视力，鹰隼的眼睛比人眼要敏锐近十倍。

论听觉，蝙蝠的超声探测能力令人耳自愧不如……

好在，我们还有一个秘密武器，能帮我们得以称霸——发达的大脑！

大脑每天接收和处理大约334GB（吉字节）的信息。相当于每天看大概3400本书，或者34部电影。

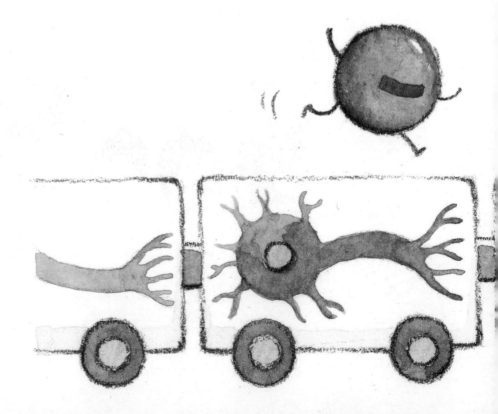

大脑的升级，如同知识的进阶

人类大脑容量约为 1400 毫升，有强大的信息处理能力，是整个自然界最复杂的神经系统。

这种强大的信息处理能力从哪里来？靠的是信息连接的基本节点——神经元。在人脑里，神经元数量有将近 900 亿，几乎是天文数字。

就像罗马城不是一天建成的，要形成人脑这么复杂的

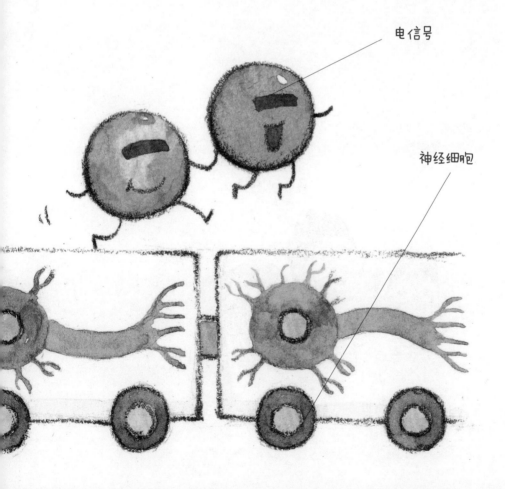

电信号

神经细胞

系统也并非一朝一夕之功。就像手机应用需要不断迭代一样，神经系统也在不断升级，整整经历了 6 亿年！

让我们把时钟拨回 6 亿年前。那时，远古生物可谓"头脑简单"，哪有什么大脑结构，连中枢神经系统都不完备。

远古生物是怎么传递信息的呢？靠的是一些演化出轴突的神经细胞。这些轴突互相连接，传递一些附载有用信息的电信号，就跟电线可以传导电流一样。

那时候，原始生物的神经系统只有最简单的应激能力。如果外界有食物，生物就会做出反应"快吃"！如果有危险，那就"快躲"！

就跟刚出生的小宝宝一样。

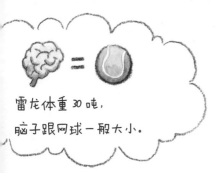

雷龙体重30吨,
脑子跟网球一般大小。

只有这些简单反应,而且几乎存不了任何记忆,但对于生活简单的原始生物来说,这样的神经系统已经够用了。

接下来,有一些生物成功"出水",登上陆地,变成了爬行动物。

因为陆地环境比较复杂,所以要适应这种变化,就需要更加强大的神经系统。大量神经细胞集结在一起,形成了脑干和小脑,这就是所谓的"基础脑"。

大脑水平提升了。不过,这种基础脑的功能还是很有限的,只有三层皮层,满足最基本的运动需求。

这跟小宝宝大脑刚开始发育一样,不会识字,只会饿了哭,困了睡。

基础脑中出现的皮层，集中了大量负责各种功能的神经元，给大脑未来的演化打下了基础。有了皮层，大脑能储存长期记忆，能做复杂的思考，还能表达爱意、亲情这些高级情感。

又过了很久，哺乳动物出现了。它们有了"初级大脑"，演化出了更多新皮层，传递信息的功能就变得更强，其他功能也出现跨越式的飞升。

灵长类动物的大脑就比较发达了，比如猩猩，大脑皮层的神经元数量大约是 90 亿。大脑越出色，模仿学习的效果就越好，反过来也会促使生物本身演化得更快。

这就相当于达到小学生的水平，能够独自读书计算写作文了。

人类与灵长类动物相揖而别，开始直立行走，大脑也揭开了演化的新篇章。早期人类大脑皮层的神经元数量已经达到了 160 亿，大脑进阶到了新的一级。

这就到了大学生的阶段，人类开始奠定自己在生物界的江湖地位啦。

怎么判断大脑演化程度的高低呢？一个关键的标志就是脑容量的大小。

290 万～390 万年前，人类祖先的脑容量开始突然增长。原本南方古猿的容量是 440~530 毫升，如今人的脑容量增加到了 1400 毫升。

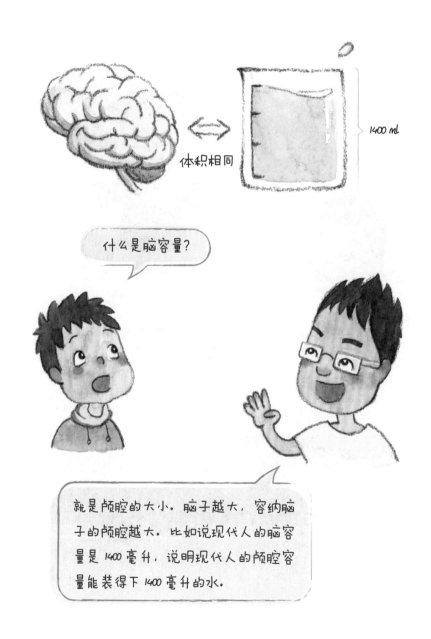

体积相同

1400 ml

什么是脑容量？

就是颅腔的大小。脑子越大，容纳脑子的颅腔越大。比如说现代人的脑容量是1400毫升，说明现代人的颅腔容量能装得下1400毫升的水。

既然脑容量变了，那么内部神经元和外部构造会不会也跟着变呢？

的确会。前额叶区扩大了，脑门前突出，大脑有了更优质的新皮层，得到了更好的发育，神经元连接更多，也更加有条理了。

幸亏，没有执迷不悟

人类的脑容量在攀升到 1400 毫升这个里程碑的过程中，走过几次岔路。

根据在欧洲发现的海德堡人的遗骸推算，海德堡人的脑容量只有 1100 毫升。脑容量这么小，当然远远不够啦。

不过，一味追求容量大，也不见得就是最好的。尼安德特人的脑容量将近 1700 毫升，比现代人还大不少。只可惜，大脑的主要位置都被视觉功能和运动功能占据了，

海德堡人

尼安德特人

智人

思维功能和沟通功能就没有开发好。所以，尼安德特人竞争不过智人，最终灭种了。

经历了这么长时间的演化后，人类特有的大脑皮质中枢产生了。

我们有了运动性语言中枢、书写中枢、听觉性语言中枢，还出现了欣赏音乐、舞蹈和绘画等艺术的中枢，功能越来越复杂、越来越完善。接着，抽象思维开始发展，人类大脑额叶也得到了迅速扩张。

终于，经过了 6 亿年的漫漫升级长路，一颗进化完善的人脑成品出炉啦。

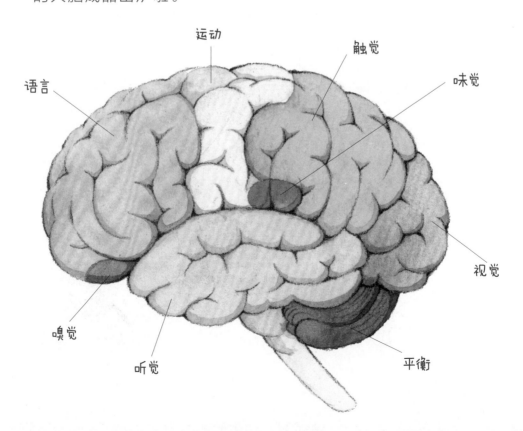

人脑为什么会突然升级呢？

为什么人脑会发生这么大的变化呢？原来，在从古猿向人类演化的过程中，产生了许多基因突变。其中有几个可能特别关键。

第一个是 *FOXP2* 基因。人类和猿的一大区别，是强大的语言能力。有了语言，人与人之间的信息交流变得更加高效、精确，才慢慢演化出今天的人类文明。

FOXP2 基因是一种控制语言能力发展的基因，它的突变在先天性语言功能障碍的人群中比较常见。*FOXP2* 对记忆力和理解力也有影响。

第二个是 *ARHGAP11B* 基因。只有我们智人和近亲尼安德特人、丹尼索瓦人有这个基因，它可能和大脑语言中枢的出现有关。

第三个是 *HARE5* 基因。这个基因很可能是控制大脑发育的关键。跟移植了猩猩 *HARE5* 基因的小鼠相比，移植了人类 *HARE5* 基因的小鼠在脑容量上扩大了 12%，而且产生了相应的大脑皮层。

为什么这些和脑功能增强相关的基因会出现？因为我

们有这些方面的实际需求：要制造和使用工具，要开创和传承语言文字……

脑容量的激增，是基因、人类行为和外部环境共同作用的结果。

认识和掌握自然火之后，人类开始慢慢喜欢熟食。熟食带来了更多的营养，大脑也就变得更加发达。

另外，在非洲东部形成的东非大裂谷带来了营养最丰富的食材之一——鱼。鱼油里含有极其丰富又价值很高的不饱和脂肪酸，大量摄入也可以帮助大脑升级。

碳水化合物，尤其是淀粉，在脑容量加速增大的过程中也起到了不可忽视的作用。

毕竟，要让人脑这台精密机器高效运作，就需要大量能量，而能量的来源就是充足的葡萄糖。吃什么才能提供这么多的葡萄糖？当然是淀粉这类高碳水化合物啦。

最后，人类还有一双可以与大脑媲美的灵巧的手。得益于大脑的发育，人类祖先可以制造和使用工具，学会用更高效的方式捕猎和劳动。反过来，肢体灵活度的提升又刺激了大脑的发展。

伴随着大脑的世代升级之路，我们也揭开了认识自然、改造自然的新篇章！

哲学三大基础问题 我们是谁？我们从哪儿来？

我们要到哪儿去？据说这是每个人都会思考的问题。

科学家是寻找问题答案的主力军，但在这些问题上，

科学家们的意见也不一致。

正方：我们自力更生

"生命诞生于 34 亿年前的一锅原始汤。"有的科学家如是说，并抛出了诸多考古学证据，以及古基因研究证据，试图证明地球生命生于斯、长于斯、繁荣于斯。

这群科学家还分为"热泉派"和"热田派"，区别在于生命诞生在海洋里的热泉，还是陆地上的热田。他们都赞同的一点是，在 40 亿年前，地球温度很高，只有能耐高温的生命才能生存，而且环境中要有大量适宜生命诞生的气体和水，这才是原始生命诞生的温床。

反方：我们是外星球的馈赠

从 2000 多年前那个只顾仰望星空而一脚踩空掉进坑里的哲学家泰勒斯，到不知从什么时候起便伫立在复活节岛上的那一排排仰头望天的摩艾石像，"抬头看看天"，似乎一直以来就是人类的习惯。

很少有动物像人类一样，对仰望星空如此迷恋。星空那渺茫中的自由与宁静，抚慰了一代代人的心灵；而那永恒中的辽阔与深邃，更是激发了古往今来的人们无限的想象。

随着现代科学的发展，人类已经能登上月球，也能潜入深海，但既没有看见想象中月亮上的广寒宫，也没有找到过深海龙宫。

许多古时的传说与幻想纷纷被打破了，沉寂的太空与冰冷的海洋沉默无言。

可是，仰望星空的人类，从来不会停止遐想。毕竟，生命如此奇妙，宇宙如此广袤，我们会不会来自天上那些星星呢？

"生命来源于宇宙，在地球上孕育生长。"坚持宇宙胚种说的科学家推断，生命来自某个"天外飞星"，可能是彗星与地球碰撞产生的有机物，开启了地球生命的孕育，也可能是一块来自太空的陨石坠入地球，带来了形成生命的元素。

1969 年 9 月 28 日，"默奇森陨石"在澳大利亚被发现。在这块陨石中，科学家发现了许多有机物，包括百余种的氨基酸，特别是有些氨基酸是构成生物的蛋白质分子所必

需的。而碳同位素含量分析表明，这些化合物并非来自地球。

辩论开始

反方提问："请问正方如何解释人类脑容量突然跃升
的情况？人类从南方古猿演化至智人期间，脑容量发生了
飞跃。在人类演化的初期，脑容量突然急速提升，从 400

毫升猛涨到 1400 毫升，大大超过之前的演化速度，从此之后，再无这样的神速。"

正方解释："脑容量跃升并非突然激增，而是在数百万年间的演化过程中逐渐递增，南方古猿为 440~530 毫升，能人为 510~752 毫升，直立人为 600~1251 毫升，到了智人则为 880~1750 毫升。而且，在这之前，大脑经过了 6 亿年的神经系统演化，在良好的基础上飞速发展，这有什么不可能的吗？"

反方再次出击："你们老说原始汤，难道历经数亿年，原始汤就能把一堆机械零器件晃成航空母舰吗？"

正方回应："你们无非是认为构成生命的元素与外星

陨石上的元素相似，可要知道，地球也是在宇宙大爆炸中产生，又经过小行星的碰撞才成了今天的样子，整个宇宙都由约 90 种天然存在的元素（不含人工元素）构成，生命元素相似又有什么问题呢？"

一代更比一代强。

秋天来了，金黄的银杏叶飒飒飘落，铺成一地金黄，璀璨斑驳，多好看呀！

除了金黄的叶子，银杏树那一颗颗白色的果实特别显眼。所以，银杏果有另外一个名称，叫白果。

其实，银杏原先的名字才没有那么浪漫呢，人们曾叫银杏树"鸭脚树"——因为它的叶子跟鸭掌一样。

另外，它还有个昵称，叫"公孙树"。原来，一棵银杏树从栽种到结果，需要20多年的时间，真是公公（爷爷）种下了，孙子才能吃得上呀！

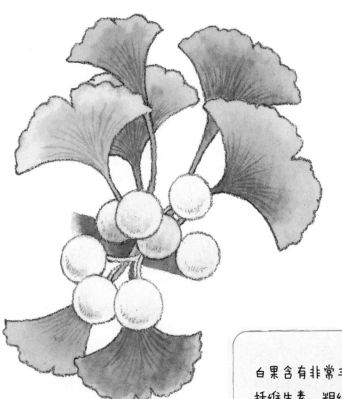

白果含有非常丰富的营养元素，包括维生素、粗纤维、氨基酸、铁、锌等，有抑菌杀菌、去痰止咳、促进血液循环和降低血清胆固醇等作用。美中不足的是，白果含有少量的氢氰酸毒素，多食、生食可能会引起中毒。

长寿的秘诀

银杏这种乔木还有一个重要的特征，就是长寿。至少在 2.7 亿年前，它们就已经开始装点这个世界，就存活时间看，甚至比恐龙还长呢（恐龙最早出现于 2.3 亿年前，后于 6500 万年前灭绝，累计存在 1.6 亿多年）。

在银杏纲、银杏目、银杏科、银杏属中，银杏是唯一的现存物种。它的亲戚早就消逝在岁月长河之中。唯独它熬过了无数严寒酷暑，成了裸子植物中最老的孑遗植物。

如同缄默的老者，银杏见证了数不清的物换星移、盛衰兴亡，又饱含着澎湃的生命之力，伫立在这亿万年的孤独与喧嚣之中。

正是因为长寿，银杏被称为活化石。它们演化速度非常慢，也没有旁系演化，顺着一条既定的血脉，延续了万千世代。也就是说，今天的银杏和亿万年前的银杏几乎是一样的。

中华银杏王

目前，已知的世界上最古老的银杏树在我国贵州福泉，树龄约有5000年到6000年。而有"中华银杏王"和"天下银杏第一树"之称的两棵古银杏树，分别位于我国贵州长顺和山东莒县，树龄都在4000多年。

为什么银杏可以安稳走到今天，无论外界环境怎样变化，都能以不变应万变？因为银杏靠的是基因超强的抗逆性。

在演化的过程中，银杏发生过两次全基因组复制事件。

两次全基因组的复制，使银杏的防御机制得到了极大的改善。

举个例子：银杏怎么应对昆虫的攻击呢？它们可以合成直接对抗昆虫的化合物，也可以释放吸引昆虫天敌的有机挥发物，用一种间接的手段对抗昆虫。

虽然银杏的基因组大小超过10Gb，是人类的3倍之多，但真正跟自身生存发展有关联的部分其实不算多，四分之三的基因都是外来病毒在银杏细胞内疯狂复制的序列，对于银杏来说，这些序列就是多余的垃圾。

通常，大部分生物会将多余的垃圾清理掉，但是银杏却选择视而不见。这些序列在某种程度上起到了提前占位的作用，使得其他病毒没法乘虚而入。

广岛幸存者

有了这套基因，银杏就具备了极其强大的适应性。两亿多年的沧海桑田，银杏处之泰然，甚至在遭遇原子弹核爆的超强辐射后，银杏也还能保持坚挺呢。

1945 年 8 月 6 日，原子弹在日本广岛爆炸了。在距离原子弹爆炸中心 500 米左右的辐射范围内，温度高达 3000℃~4000℃，即使在 10 千米外，也能感受到灼热的气流。

在广岛，数十万人瞬间丧命，同样被摧毁的其他生物则数不胜数。

真的很厉害呢。

劫后重生的银杏

　　令人意外的是，有一株树龄 200 多年的银杏，在被炸得只剩下麦秆般粗细的根部后，顽强挺到了第二年的春天，抽出了新枝，并且在第三年长出新芽，重焕生机。

　　这位广岛原子弹事件的历史见证者，成了珍贵的研究样本。科学家正在研究其中的奥妙，让我们拭目以待吧。

鳄鱼的眼泪是什么意思？

我知道，是伪善的意思。

那是鳄鱼的眼药水。

关于鳄鱼，一直流传着这样一个故事：一支日军陷入英军重围，藏匿在沼泽中休养生息。不远处，沼泽中泥水涌动，一群黑影朝着一个共同的方向悄无声息地爬行。月色下，带着水迹的脊背泛着寒光，乍一看，仿若一队行走的铠甲。鳄鱼！成群结队的鳄鱼！

一时间，哭喊声、惨叫声、枪击声、嘶吼声交织成一片，鳄鱼亮着尖利的牙齿，甩着强有力的长尾，以强大的杀伤力，在这场人鳄之战中取得压倒性的胜利。空气中的血腥味，幸存者奄奄一息的呻吟，原本承载着日军庇护期望的沼泽，已然成为人间炼狱，1000 多人走进这里，只有 20 多人幸存下来。

鳄鱼是凶狠而嗜血的。第二次世界大战时期，缅甸兰里岛"人鳄之战"，是史上最严重的动物袭击事件之一。对鳄鱼来说，和人类的这场战斗或许只算得上是小打小闹，要知道，白垩纪晚期时，鳄鱼的挑衅对象可是恐龙，史前巨鳄的战绩，千万年地印刻在一些恐龙的骨骼化石上。

"鳄鱼神"

在古埃及人眼里，鳄鱼的凶猛和强壮就是神力的象征。他们供奉着"鳄鱼神"索贝克。相传，索贝克是埃及法老的庇护神，是众神和人类的保护者，能赐予人类财富和丰收。

越是沼泽丛生，鳄鱼出没的地区，对鳄鱼的崇拜越是虔诚。古埃及法尤姆地区便因此被命名为鳄鱼城，城中修建了不少索贝克神庙来供奉鳄鱼，至今遗迹尚存，是有名的旅游景点。

每座鳄鱼神庙里，都有一条被视为索贝克化身的大鳄鱼。它们的身上用黄金珠宝装饰，死后被做成木乃伊以示尊荣，葬礼隆重，甚至被安葬在法老遗体身边，足见鳄鱼的地位之高。

不过，值得注意的是，被埃及人供奉视若神明的鳄鱼，不是我们常见的鳄鱼。我们可以通过观察"鳄鱼的微笑"来加以区分。

古埃及人崇拜的鳄鱼嘴唇呈 V 形，嘴巴闭上时也有牙齿露出，它们属于鳄科，比如湾鳄、暹罗鳄等。还有一种鳄鱼是短吻鳄，它们属于鼍（tuó）科，嘴唇呈 U 形，形同短铲，我国的扬子鳄便是其中的代表。在古代，短吻鳄被称为"鼍"，也被称为"猪婆龙"，据说它是龙的原型。

虽然鳄鱼的杀伤力十足，但在人类强大的破坏力面前，也面临生存危机。如今，野生扬子鳄仍处于濒危状态，是我国的一级保护动物，算上人工饲养的在内，数量也不过 1.6 万条左右。

鳄鱼的超能力

在第五次物种大灭绝事件后，恐龙退出历史舞台，但鳄鱼存活了下来。能活得比当时处于食物链顶端的恐龙还久，鳄鱼自有其过人之处。科学家发现，它的生存奥秘其实就藏在基因里。

鳄鱼有着超强的视觉和嗅觉，这让它得以跻身顶级掠食动物之列。仔细看鳄鱼的照片，你会发现，鳄鱼的瞳孔是垂直细长的，这使它能在夜间视物，还能防止阳光伤害。

此外，它自带"泳镜"，潜水时眼睛上的瞬膜让它能在水下正常视物。而鳄鱼的眼泪与慈悲无关，其实是在养护瞬膜，相当于鳄鱼的"眼药水"。

即使是在污浊的水域，鳄鱼不能正常视物的环境下，发达的嗅觉也能帮助鳄鱼顺利捕食猎物。所以，千万不要在有鳄鱼的水里暴露伤口，只要有哪怕一丁点血腥味，鳄鱼就有可能循踪而来。

鳄鱼还有傲视群雄的潜水能力，这与其神奇的血液有关。我们知道，血液具有输送氧气的功能。由于鳄鱼最开始是在陆地上生存的，为了适应水里的生活，它们的血液演化出了远超其他动物的氧气传输能力，大大降低了换气频率，提高了潜水时长，持久地在水中蛰伏以捕食猎物自然就不在话下了。

血红蛋白

即使是身经百战的鳄鱼，也难免会在战斗中"挂彩"，可神奇的是，不管伤势有多重，鳄鱼都能迅速复原，这也是神奇血液的功劳。

鳄鱼的血液里有强效的抗菌肽，它们的"战斗力"比抗生素更强大，这也是基因赋予的超能力。即使是令人类免疫系统全面崩溃的艾滋病病毒，也不能攻破鳄鱼的免疫系统。

葡萄球菌　　　　抗菌肽、蛋白质　　　　抗生素

基因赋予鳄鱼的能力不止这些。在漫长的演化过程中，鳄鱼的身体经历了一系列的变化。比如，它的喉咙背侧有次生腭，可充当食管和气管的阀门，能自由掌控水流是否

进入；耳盖和眼睑，能保护内耳和角膜；增厚的肺壁，能避免潜水时的高压强环境破坏肺部；心脏在危急情况下能中止对肌肉供血，来确保大脑供氧充足……这些都是独特的基因赋予鳄鱼的超能力。

那些鳄鱼启发我们的事：研究抗菌肽，制成修复难愈伤口、治愈伤口感染的药膏。人工合成鳄鱼抗体，治疗艾滋病等人类重大感染性疾病。研究鳄鱼的神奇血液，为血液输氧障碍患者解决难题。提高人类潜水能力。

　　冷空气席卷了大地，风声在夜空里呼啸。地平线那端，一个孤独的身影正机械地蹒跚着。它是一匹狼，已经走了很久很久。可能是和同伴不和，也可能是跟丢了队伍，它变成了一头独狼，在荒原上已经一连徘徊了十天……

　　在肉食类动物中，狼的耐力、速度和个体战斗力都算不上拔尖。不过，凭借群体捕猎形成的优势，狼依然是高效的杀手。它们习惯先从外围包抄，把猎物团团围住，然后步步紧逼，最终取得成功。这样的狩猎独狼很难完成——单打独斗，它甚至可能不是大型食草动物的对手。

　　捕不到猎物，所以饥肠辘辘。绝望的独狼，动了投奔人类的念头。

人类自从掌握了种植技术，就慢慢步入农耕文明，建立起部族村落。在人类聚居地，总会有堆积如山的垃圾：破烂菜叶、残羹剩饭，甚至排泄物。这些都是狼难得的稳定食物来源。

要不，去跟人类那边要份工作，换一个安稳的生活？只要跟着人类，总会饭菜管饱，总能苟活下去。

渐渐地，有的狼磨掉了锋利的棱角，开始依附人类生活。天长日久地定期投喂，狼跟人的关系越拉越近，成了看家护院的忠实门徒。

而且，其中表现得越温顺，越得宠的，食物就越丰盛，便能繁殖更多的后代。从此，曾经特立独行的独狼，正式被招安为"狗"，"与人为善"的基因代代相传。

"十年踪迹十年心"

凶悍、勇毅的狼变成了乖巧、可爱的狗……狗的驯化大概就是这个过程啦。

不过，实际情况要稍微复杂一点。这是一个"多中心起源"的故事。也就是说，每个地方的狼都是独立驯化的，"求职故事"还有各个地区的不同版本哟。

这个有趣的事实是狗狗的骸骨所泄的密。科学家从狗化石中提取出 DNA，然后跟 700 只现代狗的基因比对，发现了狗谱系中的两大分支：一支来自东欧亚大陆，像沙皮和藏獒，约在 1.4 万年前被人类驯化；另一支则来自西欧亚大陆，约在 1.1 万 ~1.6 万年前被人类驯化。

2016 年，研究人员对 58 只犬科动物（12 只灰狼，27 只来自亚洲和非洲的原始狗，以及来自世界各地 19 只不同品种的现代狗）进行全基因组重测序分析。结果发现，来自东南亚的狗明显比其他种群的狗更具有遗传多样性。

可能的情况是这样的：约1.5万年前，东南亚的驯化犬类开始往世界各地迁移，在中东、非洲和欧洲等地繁衍生息。后来，一支走出亚洲的犬类又迁回了东方，在中国北部与当地品种进行基因交流。

东南亚的狗是与灰狼有亲缘关系的最基础的种群。位点频谱数据分析告诉我们，在约 3.3 万年前的东南亚，最早被驯化的狗出现了。

人类驯狼为狗的行为可能发生了不止一次。驯化完成之后，不同起源的狗狗又反复配对杂交，和狼再次混血；甚至通过被淹没之前的白令海峡，和美洲的同族进行基因交流。

最终，来自东欧亚的犬种略占上风，对现代犬种的基因贡献更大。相反，西欧亚驯化的犬种在这方面的贡献就比较少了。

不同的生长环境，各异的饮食习惯，多个品种的反复配对，造就了狗的高矮胖瘦、美丑妍媸。

在全世界，狗的品种众多，既有威武雄壮的大丹和牧羊犬，也有小巧玲珑的博美和吉娃娃。爱撒娇、爱卖萌的泰迪，和凶猛的藏獒竟然也是近亲。

基因造就的亲近感

不管什么品种的狗，都有着和狼截然不同的性情。的确，这也是源自某些基因的突变。

在狗的驯化过程中，6 号染色体上有一段 5Mb 的基因区域在演化中得到了选择。这一基因片段也存在于人类基

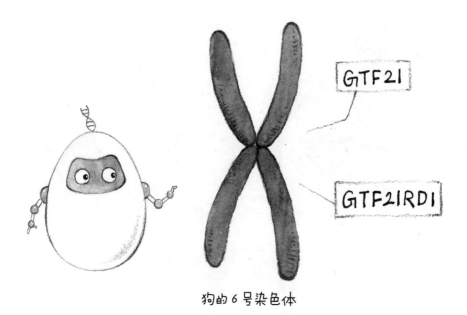

狗的 6 号染色体

因组中。如果没了这段基因，人类会患上 Williams-Beuren 综合征，社交能力出现障碍。

这段基因区域中的 *GTF21* 和 *GTF21RD1* 两个基因突变扩张，令狗把注意力分散到人类身上——这也正是人类驯化筛选的结果。投之以木桃，报之以琼瑶，狗对人类越亲热，人类对狗也越发体贴。因此，拥有与人亲善的基因的狗会获得更多的关爱和繁殖机会。

久而久之，与人为善的狗越来越多，狗的社会地位也得到提升。

在许多家庭，狗已是重要一员，其衣食住行和生老病死都得到了精心照顾。

在村庄里，狗能干的事情可多啦。

狗可以帮人们看家护院，拒陌生人于门外，可以看管羊群，可以拉雪橇，可以刨地翻土，寻找失物，甚至可以在树林中寻找埋在地下的珍贵食材……

在城市里，狗也提供着各种各样的专业服务。

拉布拉多、黄金猎犬负责导盲，帮助盲人出行；德国牧羊犬探案如神，帮助警察惩凶除恶；嗅觉灵敏的德国黑背，则在海关负责缉毒。

　　人提供食物，狗提供服务，互惠互利，甚至日久生情，在情感上互相依赖。人类和狗之间的甜蜜故事，还在不断地续写下去！

我要工作了……

陪我玩!

我想养只猫,可是妈妈不同意。

那你不妨先了解猫,再去说服妈妈吧!

猫咪被人视为"养不熟"的动物，上一秒还黏人无比，下一秒就对你不屑一顾，甚至离家出走也是家常便饭，常让"铲屎官"们泪流满面。

桀骜不驯的"野猫心"

达尔文说过，即便是被豢养很久的家猫，一旦它回到野外独自谋生，也会瞬间恢复祖先的野性。

2015 年 7 月，澳大利亚政府宣布为保护澳大利亚本土濒危物种，在 2020 年前将捕杀 200 万只野猫，以此来保护其他野生动物。

据统计，在美国，平均每年死在猫爪下的鸟至少有 13 亿只。在英国，研究者们发现每年约有 5500 万只鸟成为家猫的腹中之物。

凶残杀手

虽然目前的家猫种类有 60 多种，但它们其实是"一家人"，它们的祖先都是西亚地区的野猫。即便是不同品种的猫，也只是外形上有所差异，骨子里都是一颗"野猫心"。

美食诱惑

高冷的野猫愿意纡尊降贵与人类共处同一屋檐下，主要是为了食物。

大约在 1.2 万年前的新石器时代，人类经历了第一次农业革命，开始大量耕田种地，并把富余的粮食储存在粮仓里。然而这却为老鼠提供了衣食无忧的居所，老鼠们开始在粮仓驻扎，过着安居乐业的生活。人类对此痛恨不已，又毫无办法。后来，人类发现野猫抓老鼠相当在行，便把野猫养在家里护卫粮仓。

对于野猫来说，喜欢不喜欢人类并不重要，重要的是待在民宅里便有大把老鼠可抓。而人类为了犒劳抓老鼠的猫，也会时不时地赏点儿鱼肉为猫改善一下伙食。就这样，人类和猫实现了真正的互惠互利。

猫肩负了保卫人类口粮的重任，古人自然是对猫感恩

戴德，甚至奉为神明。古埃及人发现，猫的瞳孔会随着光
线强度而变化，就像月亮圆缺变化一样，所以他们传说猫
是月亮女神的化身。猫在古埃及的地位极高，有些主人会
在家猫死后为其制作木乃伊，风光大葬。

但是，到了中世纪的欧洲，猫就没那么受欢迎了。当时宗教宣扬"仁爱"，而猫嗜杀老鼠、鸟类的凶猛本性和"仁爱"背道而驰，因此中世纪的欧洲人认定猫是女巫的化身，会祸害人间。当时欧洲人大肆虐杀猫，猫的减少导致老鼠繁衍猖獗，所以欧洲鼠患泛滥、鼠疫成灾。

月亮女神

要给我供上多多的小鱼干啊，喵！

到底是谁驯化了谁？

有人开玩笑讲：没有人类，世界属于大猫（如老虎狮子），有了人类，世界属于小猫。时至今日，猫寄人篱下也有近万年的时间，但猫依然没有彻底被人类驯化。

一般来讲，被驯养的动物大多有群居的习惯，跟人也比较亲近。而猫不但独来独往，还动不动就丢下主人上演"离家出走"的戏码。

另外，人类的肉食有限，哪怕是狗这样的肉食动物，被驯养后也要学会多吃蔬菜和主粮。但猫一直是无肉不欢，这可能是因为猫体内缺乏消化碳水化合物的酶，不能多吃米饭杂粮；而且它们无法自身合成一些氨基酸，只能从肉食中获取所需氨基酸。一旦养猫，就要有鱼有肉好生伺候着。

在猫的眼中，人类不过是凑合着能过的同居者。日本科学家发现，猫在听录音时，能辨别出主人的声音，当听见主人喊自己的名字时，猫也知道是在喊它，但它就是不屑挪动半步。

但即使如此，人类依然觉得猫咪呆萌可爱，愿意费时、费力精心照料他们。

多数人看到婴儿或者外形类似婴儿的动物、玩偶，大脑便会释放一种叫多巴胺的化学物质，让人变得友善、乐于照顾弱小。这种现象叫可爱回应。人类的"可爱回应"能让人愿意照顾婴幼儿，从而保障了人类婴幼儿能够健康成长。

猫咪大眼睛、小鼻子的长相与婴儿相似，看一眼就能被它们的长相激发"可爱回应"。猫就是利用类似婴儿的可爱长相，来诱导人类对它有求必应。

另外，猫咪向人类讨要食物时的哀求声音与婴儿哭叫相似，听起来像是一个饥饿的小孩儿，在可怜兮兮地跟你要吃的。听到这样的声音，你还忍心拒绝它吗？

表面上是人类用食物驯化猫，事实上也许是猫在用自己的可爱驯化人类！

纯种猫的痛

猫是极受欢迎的宠物，一些外形漂亮可爱的品种更是深得爱猫人士的追捧。但这些品种的猫看着可爱，其实身体有严重缺陷，无法独立生活，只能依赖人类。

折耳猫的耳朵总是乖巧地扣在脑袋上，看着别致可爱。

其实这是软骨发育不全所致。这种疾病也影响它们活动，一些折耳猫不爱活动是因为它们关节软骨畸形，走路时疼痛难忍。

不少波斯猫都是白毛蓝眼，看着仙气飘飘，其实蓝眼猫多数耳朵都听不见。

加菲猫长着一张扁平的大脸，憨态可掬。但这种长相其实是鼻骨发育不全导致的鼻腔较短或鼻腔塌陷，很容易引起呼吸不畅甚至哮喘。

曼岛猫天生没有尾巴，虽然"无尾猫"听起来很可爱，

但这其实是脊柱发育不良。没有尾椎，脊柱容易裂开，泌尿系统也会频频崩溃。

　　人类培养这些品种的猫，也把它们的致病基因代代传了下去。由于这些品种的猫体弱多病，幼猫的夭折率很高，一些不良商贩为了牟利，昧着良心给病得奄奄一息的小猫注射血清或者兴奋剂，好让它们在顾客面前显得活泼健康，但小猫被领回家过不了几天便会病重身亡。因此，这类猫又得名星期猫，即只能活一个星期左右的猫。

臭豆腐　　　　　　　　　　　　　　　　　　　无尾猫

大熊猫以前可是吃肉的.

大熊猫，咬合力仅次于北极熊，和棕熊齐平；在海拔 2000 米的山地里，奔跑速度能超过刘翔在平地的最高速度；能把 20 多米的树当杆子爬；能把三四头狼当垫子坐……

谁能想到，本该是食肉猛兽，本该是顶级猎手，如今却"沦落"到以竹子为生！它究竟经历了什么，才变成今天这副模样？

始熊猫：懒惰的开始

800 多万年前，大熊猫的祖先——始熊猫住在潮湿的雨林里。

那时，地球更暖和，降水更丰沛，食物来源非常丰富。基本上，始熊猫餐餐有肉，过着大熊猫演化史中最滋润的一段时期。

禄丰始熊猫

谁能想到，摧毁这份美好生活的最大敌人竟会是——气候！

冰期来了，全球气温骤降。一开始，始熊猫生活环境偏南，温度比较高，所以气候变化对它们来说没什么影响。

但是，没过多久，北边的动物受不了严寒，纷纷大举南迁！始熊猫的生存条件变得极度"恶劣"：环境骤变，争抢食物的彪悍对手多了，原来南方罕见的病菌也随着这

些"客人"入侵……

始熊猫几乎被推入了绝境。

为了求得一丝生机，只好把菜单改一改，找些其他动物不太爱吃的东西。终于，一种小众食物——竹子，映入眼帘，并推上餐桌。

吃竹子还是有些好处的。那时，竹子广泛分布在中国今秦岭地区及四川地区，存活率高、储藏量丰富且稳定，所以找起来不费力。更重要的是，竹子营养价值太低了，连食草动物都不屑呢，根本用不着抢。

禄丰始熊猫

于是，始熊猫就这样硬着头皮开始啃起了竹子。这一开口，不要紧，最终带来了令人瞠目结舌的演化途径和结果……

小种大熊猫：吃素的代价

连吃几百万年素，代价是高昂的。要知道，竹子营养匮乏，提供不了足够的热量，所以始熊猫演化着演化着，变成了一种叫作小种大熊猫的动物，体形只有藏獒那么大。

既然吃的没营养，那么为了保持能量平衡呢，小种大熊猫就必须多吃少动，结果也变得越来越胖。

时间来到 100 万年前，转机似乎出现了！

因为地质运动，秦岭、云贵高原拔地而起，挡住了北方来的寒风。气候开始变暖，森林逐步向北延伸，南迁的食肉动物也就回家去了。

大熊猫的生存空间得到了极大的扩充。然而，给它们机会也没用：几百年的习惯已经改不过来了，大熊猫逃不出这命运的牢笼……

正是因为好吃懒做，它胖成了一种叫巴氏大熊猫的动物，体形比现在大熊猫的更大。终于等到了不用抢肉的时

当肥宅真快乐呀!

节，它却已经对肉没什么感觉，"堕落"成了圆滚滚、不爱动的素食动物……

如今，成年大熊猫每天要花上约一半的时间吃东西，有时甚至长达 18 个小时。它们适应了这种代代相传、毫无变化的生活模式，自身笨拙宽厚的体形随之成了难以摆脱的桎梏……

国宝档案：基因的奥秘

　　大熊猫没了肉食欲望，世代以竹子为生，不仅仅是受外界环境的影响。决定这份菜单更换的关键是基因。

　　吃素太久，大熊猫体内一个重要基因 *T1R1*（决定食肉动物能不能尝出肉的鲜味）开始失效了。既然吃肉和吃竹子的味道也没什么差别，为什么还要辛苦捕食呢？

当然，在基因上，大熊猫还是食肉动物，也保留了很多食肉目的特征，比如牙齿、消化道之类。所以，偶尔也还会打打牙祭，掏只竹鼠，捅个鸟窝，吃点烂肉、腐肉。

另外，几百万年间，大熊猫都没能演化出消化竹子的基因，全靠寄生的纤毛虫在帮衬。纤毛虫相当于人类的肠道菌群，跟大熊猫有良好的"共生关系"，会在它们的消化道里寻找竹纤维，降解成糖分，提供一些贫瘠的养分。

难怪大熊猫要不停进食——得先喂饱了纤毛虫，才能获得维持生活的能量。

既然能量来源这么不足，为了能更好地活下去，减少过多的消耗，大熊猫还使出了一记怪招：无情无义的生育模式。大熊猫的孕期一般有 3~7 个月，生下来的小宝宝瘦小而脆弱，好像一只无助的小老鼠——哪里像大熊猫呢！

原来，大熊猫总是懒洋洋的，那是因为它们的 *DUOX2* 基因发生了突变，导致甲状腺素的合成减少，体内新陈代谢速率降低。体重 90 千克的成年大熊猫，代谢水平竟不到同等体重的人的一半！（人要是患上了甲状腺功能减退症，也同样会终日萎靡，出现跟大熊猫类似的状态。）

从表面上看，充满着基因缺陷的大熊猫似乎是演化失

败的代表作。不过，从生物研究的角度看，正是大熊猫"好吃懒做"，韬光养晦，才能避开各种毁灭了同时代生物的灾难，巧妙地将古生物时代的印记藏于自身基因组之中，最终横穿 800 多万年光阴，呈现于我们面前。不得不说，这是一个不小的奇迹呀！

王者之豆

在那山的那边,
海的那边,
有一个小土豆.

　　海拔五六千米的地方，常年冰雪覆盖，气温波动剧烈，这样的环境，怎么看都算不上是沃土，但正如"乱世出豪杰"，艰苦的环境往往也能造就独具一格的物种。土豆便是走出大山，征服世界的独特物种。

王者之豆

可以说，土豆是粮食作物中的王者。它"威"名远播，仅中文名字便有许多个，我国各地人民对它的称呼不同，如土豆、洋芋、山药蛋、马铃薯、土芋……而且，它的品种繁多，广为人接受，仅南美大陆的野生品种就有上千种。除了我们常见的黄色球状之外，土豆还有绯红、姹紫、墨黑、圆球状、条带状、泡沫状……千奇百怪，各异其趣。土豆繁多的名字和种类，是对它征途的记录。

土豆的王者地位，还来自它超强的适应能力。16 世纪时，它开启征途，搭上了欧洲探险家们的航船，远渡重洋，第一站是欧洲。中世纪的欧洲气候阴冷，平均气温处在数百年来的最低点，作物生长受到影响，粮食产量低下，民众饥寒交迫，整个欧洲都笼罩着一层阴郁的氛围。这时，富含营养、易于种植的土豆"挺身而出"，成为了解决欧洲困境的希望。

救济食物了解一下。

有毒

但土豆却被欧洲当地民众当作了入侵者，理由莫名其妙，比如：因为"小麦向上长，指向太阳与文明，土豆却向下长，是指向地府的"，也许将它放进嘴里，就会堕入地狱。虽然这些排斥土豆的理由并不是事实，但吃了土豆确实可能发生上吐下泻甚至中毒身亡的情况，罪魁祸首便是土豆中的龙葵素。为什么我们吃土豆没有事呢？那是因为龙葵素主要存在于未成熟或者表皮发绿、已发芽的土豆中，食用正常的成熟土豆并不会有这样的风险。

番茄　　　　　　　　土豆

王者代言

新事物从出现到被人接受，背后往往有关键人物在发挥作用。在土豆从被误解到变得流行的过程中，发挥关键作用的是欧洲皇室，他们堪称土豆的最佳代言人。

为了让土豆普及，让战争有备无患，普鲁士王国的腓特烈大帝非常努力，还想了一个完美的计划。

他派士兵把守种了土豆的菜园，这种神秘又珍视的态度，成功引起了民众的注意，他们不禁想着，难道土里埋

的是什么了不得的宝物？于是，在守卫们的故意疏忽下，在一个个月黑风高的夜晚，土豆成功地被民众挖走，种在自己的菜园里，土豆也因此在普鲁士扎下了根。

同时，土豆还成为普鲁士战争中的功臣。在那场夺取西里西亚的七年战争中，小国普鲁士靠着土豆的支援挺了下来，获得了战争的胜利。

　　如果说腓特烈大帝是让土豆在普鲁士普及的"先驱"，那么法国王后玛丽·安托瓦内特就是让土豆在法国流行起来的有力推手。这位美丽的王后引领着时尚潮流，她的穿着打扮常引得贵妇们争相效仿。有一次，在国王路易十六的生日晚宴上，王后头发上戴了一朵土豆花，看起来很别致，吸引了没见过土豆花的贵妇们的注意和效仿。她还要求国王在接待外宾时，在胸前别上一朵土豆花，成功地让土豆变得流行起来。

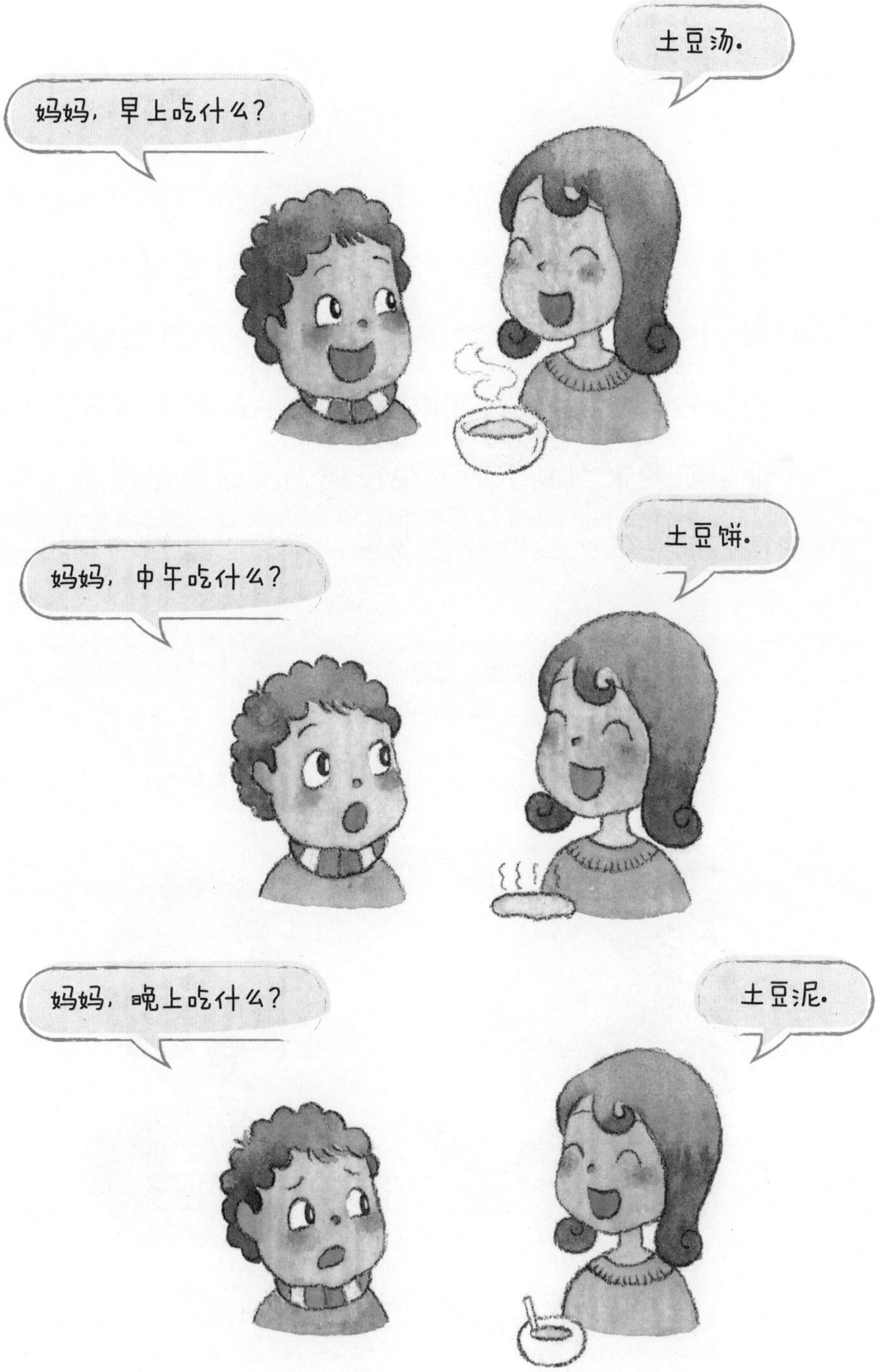
妈妈，早上吃什么？
土豆汤。
妈妈，中午吃什么？
土豆饼。
妈妈，晚上吃什么？
土豆泥。

王者的无奈

　　土豆在欧洲的扩张很迅速，土地贫瘠的爱尔兰迅速接受了土豆，受益于此，爱尔兰在 180 年时间里，人口增加了 17 倍。也因此，爱尔兰除了土豆，几乎不种其他粮食作物。

　　爱尔兰人对土豆的过度依赖，为之后的悲剧埋下了伏笔。

　　乘坐航船来到爱尔兰的晚疫病，将这座小岛弄了个天翻地覆。成片的土豆叶开始发黑、干裂，紫褐的病斑侵染

印第安人　　　　　爱尔兰人

了土里大大小小的块茎。晚疫病暴发的第一年，爱尔兰全岛的土豆就减产了三成。到了第二年，情况变本加厉，收成只剩下四分之一。人们骨瘦嶙峋、形同鬼魅，躺在小屋角落的一堆脏稻草上。

惊世大饥荒过后，爱尔兰人口已锐减到不及原先的四分之一。为了活下来，当时许多爱尔兰人无奈背井离乡，乘坐航船前往美洲以谋生存。如今，美国爱尔兰后裔足有4000多万人。而这一切的源头，竟与这小小的土豆有着莫大的干系，是不是很是有趣？

土豆到底是馈赠，还是诅咒？
这并非由作物本身决定，说到底还要看人类是否有足够的智慧善加利用。

埋下种子，静待花开

说孩子听得懂的生命科学

奇思妙想 vs 踏实求知

　　我的童年时代是泡在书海中以及奔跑在田野里度过的。我的父母酷爱读书，印象中家里的藏书不下一万本。父亲在我年幼的时候就常给我讲《山海经》《西游记》，母亲则会挂着相机带我去拍花草，做标本。在能自主阅读后，我自然对《昆虫记》《本草纲目》等书兴趣盎然。不只乐于阅读，我还勤于实践。我着迷于生物的多样，鱼、乌龟、豚鼠、兔子、猫、刺猬……都是我家里的常客，养宠物的过程中，我也收获了颇多乐趣。

回溯孩提时代，似乎我的人生选择，在那时候就打好了底色。

高中临近毕业时，我获得了多所大学的保送机会。我选择大连理工大学的原因，是它列了 64 个专业供我挑选，其中就有生物工程。

如果说童年对生物的兴趣与光怪陆离的想象有关，那么成年后走上生命科学的研究道路则源自踏实求知。

在华大基因工作期间，我读了博士，主持了不少科研项目，发表了 40 多篇论文。担任 CEO 职务后，我发起了不少公益计划，也开展了一些科普项目，为对生物科技感兴趣的朋友讲述科学故事。读者朋友中有不少小朋友，每次看到家长发来的肯定，我都欣慰不已。我和团队小伙伴们还常在中小学乃至幼儿园开办科普讲堂，孩子们的求知热情让我振奋，他们的知识面也让

我惊讶不已，越发觉得科普是一件有意义的事。

在我小的时候，科普书的种类并不多，印象中只有《十万个为什么》《白科全书》是给孩子看的。到了我的

孩子这一代，我发现好的科普书多了许多，每每在亲子阅读时，那些优秀的科普书连我都看得很入迷，仿若童年重新来了一遍。但这些经典科普书大都引进自国外，不少科普大 V 推荐的少儿科普，绝大多数也来自国外。这也是我决定推出这套少儿科普的原因，我要让中国的孩子能看到本土原创的科普书。

在个人的成长过程中，我感受到，孩子的兴趣是能影响他的人生选择的。兴趣是最好的老师，如果说 21 世纪是生命科学的世纪，这 100 年里，中国的生命科学发展，有赖于几代孩子自发投身其中，希望有正在看这本书的孩子的身影。

静待花开 vs 拔苗助长

当孩子问你"我是怎么来的"时，你是怎么回答的？当孩子问你"为什么我们和蚂蚁不一样"时，你又会如何解释？与得到回答相比，学会提问是孩子更大的进步。在孩子问出有价值问题的时候给出同样有价值的回答，则是对父母更高的要求。

焦虑是现代父母的普遍心理。现代社会的精英教育模式与孩子出生便面临的竞争，不仅给孩子压力，父母也不轻松，恨不得让孩子样样精通，拥有十八般武艺。

事实上，生有涯，知无涯。孩子面对的是复杂而未知的世界，教会他如何与世界和自然平和相处，让他在俗世中感受幸福，是父母应该做的事。幸福感如何获得？比如求知探索，建立自信，找到兴趣所在，持之以恒地探索。

已知圈越大，未知圈也越大，求知不是单纯地学习知识，更多的是一种思维方式的锻炼，教会孩子从万变中找出不变，将未知变成已知，且不惧未知。

组成我们每个人基因的基石都是一样的，都是 A、T、C、G 四种碱基。你和万物相联结，和路边的野草是远亲，和鱼有 63% 的基因相似，和黑猩猩基因相似程度达 96%，和路人有 99.5% 相似的基因，遑论你的孩子，他们和你有着最深的羁绊，最亲密的缘分。孩子的基因全从父母处来，但他们的人生却不受父母的限制。他们是自由的，是创造了奇迹的生命。

不要试图逼迫孩子对什么东西感兴趣。如果你想引发孩子对生命科学的兴趣，不妨自己先读这本书，然后化身尹哥，和孩子交流。相信孩子的问题会让你惊喜，你们之间的交流会让你惊讶。那是生命的神奇——一个弱小的、曾被全天候照顾的宝宝，脑袋里却藏着整个宇宙的奥秘。你会为此感到幸福。

沉浸式阅读

既然我立志要"说你听得懂的生命科学"，这个"你"，自然也包含孩子。在《生命密码》的知识点基础上，少儿版既做了难度上的简化，也用漫画的形式丰富了内容，以引发孩子们的兴趣，便于孩子们理解。

我们努力将每一个故事的发生场景化，让孩子们进入角色，沉浸其中，在体验中学习。

我们尝试为知识点配上漫画，通过视觉化效果既浅显又生动地传递信息。

相较于知识填鸭，我更倾向于互相提问和启发式地学习。我们把自己的思维放在和孩子的思维同一高度，平等地进行朋友式的沟通，激发孩子的内啡肽驱动性，让他由兴趣开始，去自发地学习。毕竟，科学也并非永远正确，但科学的价值就是让人类的认知在不断被推翻中前进。

故事里的小华、小宁，可以是我们身边每一个脑袋里装着十万个为什么的孩子。借他们之口，我们在问答中沟通，体会生命科学的趣味。如果你也有自己关心却没从书中得到解答的问题，欢迎在"尹哥聊基因"公众号留言告诉我们。

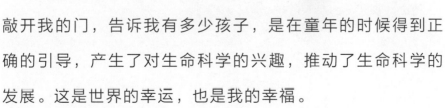

在我的想象中，会有那么一个早晨，当我老去的时候，有人敲开我的门，告诉我有多少孩子，是在童年的时候得到正确的引导，产生了对生命科学的兴趣，推动了生命科学的发展。这是世界的幸运，也是我的幸福。

谢谢你选择这套书，我们离"让生命科学流行起来"的目标又近了一步。少年强则中国强，当孩子对生命科学感兴趣，我仿佛已经看到了中国生命科学持续引领世界的未来。